新概念家居设计

禅意时光

理想·宅 编

U0264679

化学工业出版社

·北京·

图书在版编目(CIP)数据

新概念家居设计.禅意时光 ／ 理想·宅编．－北京：
化学工业出版社，2015.1
ISBN 978-7-122-22276-3

Ⅰ．①禅… Ⅱ．①理… Ⅲ．①住宅－室内装饰
设计－图集 Ⅳ.①TU241-64

中国版本图书馆CIP数据核字（2014）第258577号

责任编辑：王斌　邹宁　　　　　　装帧设计：骁毅文化

出版发行：化学工业出版社(北京市东城区青年湖南街13号　邮政编码100011)
印　　装：北京瑞禾彩色印刷有限公司
787mm×1092mm　1/16　印张10　字数260千字　2015年1月北京第1版第1次印刷

购书咨询：010-64518888 (传真：010-64519686)　　售后服务：010-64518899
网　　址：http://www.cip.com.cn
凡购买本书，如有缺损质量问题，本社销售中心负责调换。

定　　价：49.00元　　　　　　　　　　　　　版权所有　违者必究

目录

003 / **PART 1**
意韵东方：中式风格家居

千年之味 /004

雀韵国风 /014

荷塘月色 /020

朴韵 /032

品禅 /042

雅诗清韵 /050

056 / **PART 2**
悠然风雅：现代雅致风格家居

水中睡莲 /058

静好岁月 /064

茶禅一味 /074

古韵新怡 /082

茶禅一水间 /088

静·木 /100

108 / **PART 3**
异域风情：东南亚风格家居

怀旧·质朴 /110

神秘国度 /120

莲舞 /126

象语 /136

热带雨林 /144

情迷东南亚 /152

目录

禅意家居——找回渐行渐远的初心

　　繁华都市带给人便利生活的同时，其快速发展的步伐也令很多人感到疲累。那一壶茶，一首歌，一本书带来的满足，那一次旅游，一段邂逅，一句问候带来的欢喜，仿佛渐渐成为一个远远的梦。太多的欲望让本该安宁清静的心变得躁动与不安，于是越来越多的人想要放下，想要静心倾听心灵的声音，用纯净的心观尘世的一切。如若能在家中隐于自然，不再受世俗牵动，嗅闻木香、品啜香茗、倾心冥思，享受简静、和寂、清心的日子该有多好？慕羡不如行动，从此刻起让我们慢慢捡拾起渐行渐远的初心，于家中注入一段禅意的时光——无论岁月如何变迁，淡泊之心缱绻不相离。

意韵东方：中式风格家居

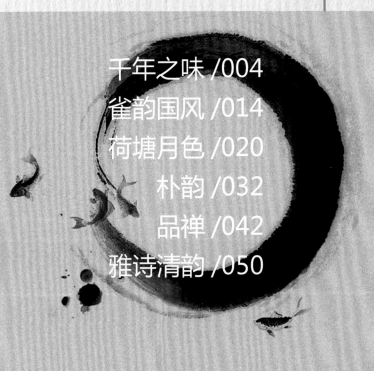

千年之味 /004
雀韵国风 /014
荷塘月色 /020
朴韵 /032
品禅 /042
雅诗清韵 /050

千年之味

设计师简介

戴勇

戴勇设计师事务所首席设计师、深圳室内设计师协会理事

户型档案

户型结构：三室两厅

项目面积：130 ㎡

设计师：戴勇

主要材料：釉面砖、壁纸、实木地板、乳胶漆、镜面玻璃、仿古砖等

设计之道

在中国文化风靡全球的时代，尝试用一种新语言来诠释中式，提炼中国传统文化，唤醒人们深藏的记忆和文化认同感。这样的想法可以在家中体现：每一个房间，甚至在每一个角落都用简单的中式元素沉淀出中国传统文化的魅力。

本案中将中式元素与现代材质的在居室中巧妙兼柔，明清家具、窗棂、布艺床品相互辉映，再现出移步变景的精妙小品。

1. 客厅中无论是色彩，还是家具都仿佛散发出淡淡木质清香，带给人雅致的感受；其沙发背景墙上的山水装饰画亦为空间注入了无尽的韵味。

2

3

2. 临近餐厅设计一处装饰柜，既可以用于展示家中的工艺品，也可以作为餐厨用具的日常收纳地。

3. 开放式餐厅与整体居室的风格相统一，彰显出高雅的格调。

4. 餐厅中的桌椅带有浓厚的中式风情，木质材料古韵十足，中式雕花尽显精致。

1. 主卧的一面墙利用大衣柜和部分
的墙面装饰来塑造，既有实用功能，
又有装饰功能。
2. 中式卧榻成为居室中的一个小型
休闲区域，不仅可以作为居者日常
品茗的地点，也是客人到访时交谈
的好场所。
3. 次卧的色彩朴素、淡雅，是常用
的中式家居色调，背景墙上的中式
装饰画提升了居室的格调。

④

4. 书房的设计简洁，却给人一种十分雅致的体验，无论是砚台，还是毛笔挂架，都为空间中增加了墨香气韵。

5. 次卧的一侧搁置了一个古朴的木质桌椅，成为居者临时的办公学习之地。

1. 中式花纹与成套的陶瓷沐浴摆件，给居室带来精致的容颜，也体现出居者对生活的用心。

2. 木质的整体橱柜给厨房带来温润的视觉感受，鲜花与绿植则丰富了空间的内容。

3. 餐厅到客厅的过道笔直而明亮，直通大门，给人以顺畅的家居动线。

4. 过道墙面的山水画给空间增添了新的内容，陶艺工艺品则成为整个空间的视觉焦点。

5. 阳台极具中式风情，天然石材桌凳带给人厚重的质感，茶盘套件体现出主人淡雅的情怀。

家装课堂

在中式风格的家居中，木材的使用比例非常高，而且多为重色，例如黑胡桃、柚木、沙比利等，为了避免沉闷感，其他部分适合搭配浅色系，如米色、白色、浅黄色等，以减轻木质的沉闷感，从而使人觉得轻快一些。此外木材可以充分发挥其物理性能，创造出独特的木结构或穿斗式结构，讲究构架制的原则，建筑构件规格化，重视横向布局，利用庭院组织空间，用装修构件分合空间，注重环境与建筑的协调，善于用环境创造气氛。

身心清净方为道
退步原来是向前

雀韵国风

设计师简介

毛磊

澜庭设计工作室创建人、注册高级室内建筑师

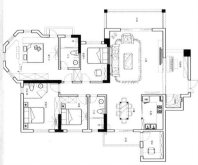

户型档案

户型结构：四室四厅

项目面积：168 ㎡

设计师：毛磊

主要材料：珠帘、喷砂玻璃、艺术玻璃、茶色镜、黑檀木、石膏板、乳胶漆、壁纸等

设计之道

　　在中国孔雀被视为优美和才华的体现，其开屏的绝美姿态令众人惊叹。于居室中纳入清、雅、秀的底色，再将优雅的孔雀画于墙面之上，其美丽、曼妙的身姿，仿佛舞出了一段雀之灵。

　　本案色调清雅，流露出的是中式风格的内敛与朴素，各种中式元素，如花鸟、竹子、中式花纹在居室中穿插运用，却不显杂乱，互相之间的协调性非常好。

1. 客厅背景墙的花鸟图与竹子图案交相辉映，令居室充满浓郁的中式风情。
2. 条纹与树叶图案的抱枕与沙发的色彩搭配得恰到好处，令居室呈现出和谐统一的形态。
3. 沙发附近的边桌上摆放的绿植为家中带来了勃勃地生机，具有复古风情的电话和钟表令居室更具格调。
4. 具有中式风情的收纳柜搭配风格雅致的背景墙，成为点亮居室设计的亮点元素。

1. 餐厅背景墙上的中式水墨画彰显出主人高雅的品位。
2. 米黄色系的过道带给人视觉上的舒适感，令狭长的过道不显逼仄。
3. 客厅与餐厅之间没做硬性分隔，同系列的地砖与色系相近的色彩，令居室风格和谐而统一。

5.在居室的角落处摆放一架钢琴，既丰富了居室的内容，也有着怡情的作用。

4

4.镜面与漆成白色的木材制作而成的装饰柜，既有放大空间的作用，又令居室显得非常干净。

5

荷塘月色

设计师简介

巫小伟

威利斯（VILLISPACE）设计有限公司创始人、
中国建筑装饰协会会员

一层平面图　　　　　二层平面图

户型档案

户型结构：复式

项目面积：250 ㎡

设计师：巫小伟

主要材料：仿古砖、原木、外墙砖、百叶门、
　　　　　壁纸、复古灯等

21

设计之道

　　一篇朱自清的散文《荷塘月色》令无数人为之沉醉，一曲凤凰传奇的《荷塘月色》开启了一段广场舞的热情洋溢……在家中无论是将荷花变成"亭亭的舞女的裙"，还是"弹一首小荷淡淡的香"，无不呈现出雅致的美……

　　本案为复式加阁楼，整个设计将中式元素贯穿始终，无论是盛放的荷花，还是木质装饰帆船，或是中式装饰画……这些元素将中式风情渲染得淋漓尽致。

1. 开敞式的客餐厅空间所用的材质十分丰富，却不显杂乱；各种材料和谐搭配，为空间营造出一种和谐雅致的美感。

2. 在餐厅的设计上，设计师在一面墙和吊顶上运用了荷花的元素，整个背景如同一幅精雕细琢工笔的画，充满了中式元素的典雅。

3. 通透明亮的落地窗为室内带来了良好的采光，轻绵的纱帘又避免了强烈的光线。

4. 餐厅与厨房之间运用镂空推拉门进行分隔，不仅避免了油烟的外泄，而且还十分美观。

1. 卧室中利用绿植来增添居室中的生机，令人感受到来自于自然的气息。

2. 在卧室中设置一个大衣柜，将季节性衣物合理地摆放在衣柜中，每天根据天气选择适合的衣物，而不用特意到换衣间拿取衣物，合理地规划了空间中的动线。

3. 博古架的设置将卧室与书房简单分割开来，精致的装饰物让卧室充满了艺术氛围，令简单的床品仿佛也散发出别样的韵味。

4. 次卧的色彩淡雅，其背景墙上的装饰画为居室带来了视觉上的变化。

5. 次卧中的飘窗不仅为居室带来了良好的采光，闲暇时光在此驻足，观看室外的景色，也不失为放松身心的方式。

1. 书桌上的雕花精致而唯美，将中式风情得到淋漓尽致地展现，博古架上的装饰品也提升了空间雅致的格调。

2. 装饰画在一个空间中往往起到画龙点睛的作用。书房中选择了梅花图案为主题的装饰画，令空间风格得到强化。

3. 与阳台相连的小书房，不仅得到了良好的采光，在此工作累了，还可以直接到阳台上放松身心，这样的设计可谓极具人性化。

4. 纯木质打造的阳台在视觉上给人温暖的触觉；藤制桌椅自然、透气，与木质空间搭配得恰到好处；点翠凝碧的绿植在色彩上为空间带来了跳跃，令原本安静的空间倏然多了几分俏皮。

4

1. 净白的厨房没有过多的装饰，给人带来整洁、有序的视觉感受，在此烹饪，心情也随之安静起来。

2. 卫浴的推拉门采用绿植与飞鸟图案的玻璃塑造，令空间表情显得灵动而精致；此外卫浴前新鲜的绿植与推拉门的图案相辅相成，令家居的自然气息更加浓郁。

3. 在卫浴间的零碎墙面上设置搁物架，可以令墙面得到最大的利用，也能令墙面保持清爽，此外还方便日常使用，可谓是一举多得。

4. 卫浴间大气而极富现代化气息，在墙面上安装电视，令沐浴时光也不显单调。

5.过道的一面墙设计成博古架，另一面墙上挂有花卉装饰画，整个空间文化味道浓郁。

6.楼梯的转角处利用不同层次的方台加中式花瓶来装饰，使畸零空间变得丰富有趣。

7.在居室中用投影机组建一套兼顾看电影、听音乐和游戏娱乐的家庭影院系统，无疑是一个休闲娱乐最佳的选择。

8.居室内的过道空间，没有做过多的装饰，仅用绿植带来视觉上的变化。

家装课堂

中式风格的传统室内陈设追求的是一种修身养性的生活境界，在装饰细节上崇尚自然情趣，花鸟、鱼虫等精雕细琢，富于变化，充分体现出中国传统美学精神。配饰擅用字画、古玩、卷轴、盆景，精致的工艺品加以点缀，更显主人的品位与尊贵；而镂空类造型如窗棂、花格等可谓是中式的灵魂，常用的有回字纹、冰裂纹等，在中式风格的居室中这些元素可谓随处可见。

清逸起于浮世

纷扰止于内心

朴 韵

户型档案

户型结构：三室两厅

项目面积：180 ㎡

设计师：李伟光

主要材料：壁纸、玻化砖、仿古砖、实木板、
　　　　　乳胶漆、钢化玻璃等

设计 之 道

生活在现代大都市，太多的喧嚣与浮躁扰乱了平静的心灵。于是重拾一份古人的飘逸与洒脱，在这个钢筋混凝土浇筑的城市里拥有一套高品质的中式居亭，在一天的忙碌之后，回到家与家人共享一份静谧与清闲，在萦绕着中式古韵的空间中放松心灵，将是何等的雅事。

本案运用传统的中式古朴色彩为家中奠定了意蕴无穷的基调，并将蝴蝶兰、绿植作为居室中的点缀，令空间呈现出源自于自然的生机。

1. 客厅的形象墙采用壁纸加木质格栅来塑造，设计手法简单，从而减少预算，又非常容易出效果。

2

3

4

2.沙发座椅使用起来十分舒适，从吊顶垂下的吊顶则为空间提供了良好的照明。

3."一"字形的厨房呈现出非常整洁的容颜，屋顶的筒灯带来了柔和的光线。

4.厨房与餐厅之间用玻璃作为分隔，非常通透，也方便了主妇烹饪时与家人的视线交流。

1.卫浴与卧室相连，为日常生活提供了便利，其干湿分离的设计，也方便了日常的打扫。
2.简化的架子床体现出中式风情，两边的红色灯饰更是将中式的情愫体现得淋漓尽致。

3. 小卧室中设置了大面积的衣柜，是居室带有强大的收纳功能。

4. 次卧中宽敞的窗户为居室带来了良好的采光，临近窗户的书桌椅为主人的工作提供了便利。

1. 主卫中将沐浴区、洗漱区和如厕区做了很好的分隔，方便日常使用；洗手台下开放式的收纳柜可以令收纳物品的湿气得到更好得挥发。

2. 居室中的过道狭长，因此用装饰画来缓解空间局限所带来的窘迫。

3. 居室中的休闲区被打造得古色古香，竹子装饰画体现出主人高格的气节，升降桌和坐垫则令空间显得闲适。

4. 书房的陈设简单，却都恰到好处地吻合了空间的氛围，令居室呈现出简洁、实用的气质。

5.半封闭的空间中设置一处餐桌椅，在天气好的时候可以在此度过用餐时光，也体现到一番别样的风情。

6.在阳台上搁置一把藤制座椅，平时可以在此小坐，欣赏户外美景；鹅卵石与实木地板的材质也带出自然的特质。

家装课堂

中式风格并不是元素的堆砌，而是通过对传统文化的理解和提炼，将现代元素与传统元素相结合，以现代人的审美需求来打造富有传统韵味的空间，让传统艺术在当今社会得以体现。中式风格在设计上继承了唐代、明清时期家居理念的精华，将其中的经典元素提炼并加以丰富，同时摒弃原有空间布局中等级、尊卑等封建思想，给传统家居文化注入了新的气息。

闲居无事可评论

一炷清香自得闻

品 禅

设计师简介

陈冠廷

而沃设计设计总监

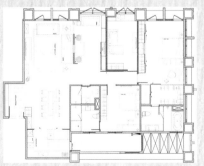

户型档案

户型结构： 四室两厅

项目面积： 155 ㎡

设计师： 陈冠廷

主要材料： 烟熏木皮、洞石、米黄石、夹纱
玻璃、茶镜、铁件、钢琴烤漆等

1

2

设计之道

　　将空间回归生活，实践"住宅为生活之容器"的概念。从收藏的字画、花器替空间定调其属性，呈现出东方禅意的人文空间。

　　本案在温润的木纹染上烟熏妆彩铺陈含蓄文雅的景致，使人文气息蔓延其中，木器、石材、陶瓷的质材演绎展现空间的深度对话。回游的动线配置使静谧的空间产生流动，一动一静间如呼吸的节奏寻找着住宅本质之脉络，空气及阳光在此容器中挥洒于各角落，而居住的"人"就如同水注入此容器，激起涟漪后与空气阳光产生变化，最后达到平衡的互动。

1. 客厅的整体色彩淡雅，沙发上的蓝色抱枕成为提亮空间色彩的点睛用色。

2. 沙发背景墙上的中式字画令居室的格调大大提升。

3. 客厅与书房以一道沉稳的沙发背墙作为区隔，背墙的存在让空间有了前、后与主、从关系的层次感，而随着书房的开放或隐蔽的使用，使得公共空间有不一样的表情变化。

4. 书房的墙面设计成格子收纳架，既可以放书，也可以摆放工艺品，还将空间利用率大大提升，可谓十分实用。

1. 客餐厅的背景墙采用同色系但不同纹理的壁纸做区分，由于颜色统一，玄关一进来，视觉上讲两个面连成一体，空间感更宽阔。

2. 餐厅与厨房不做墙体分隔，可以充分的利用空间；此外在餐厅中设置电视，可以令用餐时光变得更加丰富。

3. 主卧室着重于天花板的精细度，简洁的线条，与英式风味的软件家具做搭配，使整体空间沉稳高雅。

4. 书房滑门利用铁件与夹纱玻璃的组合，取代原有的墙面，放大走道的空间感，与展示的字画形成呼应，创造出舒适的居家艺廊空间。

5. 次卧室中加大了收纳功能，并且将视听功能也得以展现，令居室的功能更加丰富。

家装课堂

新中式的家居风格中，庄重繁复的明清家具的使用率减少，取而代之的是线条简单的中式家具，体现了新中式风格既遵循着传统美感，又加入了现代生活简洁的理念。但传统的家具在新中式家居中也没有完全被摒弃，如圈椅的运用，这种椅子由交椅发展而来，最明显的特征是圈背连着扶手，从高到低一顺而下，座靠时可使人的臂膀都倚着圈形的扶手，感到十分舒适。

身是菩提树
心如明镜台

雅诗清韵

设计师简介

由伟壮

由伟壮装饰设计创办人、IFDA 国际室内协
会注册高级设计师

一层平面图

二层平面图

户型档案

户型结构：公寓房

项目面积：130 ㎡

设计师：由伟壮

主要材料：饰面板、硅藻泥、马赛克、墙地砖、
　　　　　地板、大理石等

设计之道

　　青花、旗袍、木兰花将中式古韵演绎得风情无限，既清雅大方，又端庄丰华，仿若为家中吟唱出一曲雅诗清韵，置身其中便可捕捉到最令人动容的细节之美。

　　本案没有片面地强调中式家具和元素，只是以简单的直线条表现中式的古朴大方，并令这种中式深沉稳重内敛的本质处处体现，让文化气息随处弥漫。这是一种态度，也是一种信仰。

3

4

1. 客厅在色彩上采用深棕色与浅色米黄的巧妙搭配，给人优雅温馨、大方得体的视觉感受。

2. 在材质上，客厅中运用壁纸、大理石、板材将传统风韵与现代舒适感完美地融合在一起；而家具则讲究线条简单流畅、内部设计精巧，将经济、实用、美观完美结合。

3. 沙发背景墙上采用色泽丰富的陶艺锦砖做装饰，令居室在色彩上别具一格。

4. 客厅的一隅在饰品的挑选摆放上，主要选择中式传统瓷器、陶艺和绿植，令居室既有古典气息，又富含生机。

1. 餐厅中的青花餐具精美而典雅，
搭配古朴的木质餐桌，令整体空间
格调气韵十足。
2. 在主卧与卫生间的隔断上摒弃了
常规一贯使用的砖墙，采用透明钢
化玻璃与拼花马赛克相结合的巧妙
手法，整个设计完美演绎了历史与
现代、古典与时尚的激情碰撞。
3. 主卧的一角搁置了沙发，并安装
了电视，使这里不仅是休息场所，
也具备了会客、休闲的功能。

4

4. 卫浴古朴中不乏现代感，深色收纳柜与镜框和白色的卫浴用具相结合，深浅搭配，浓淡相宜。

5. 古色古香的书桌与书柜为书房奠定了沉稳的基调，也体现出十足的中式风情。

悠然风雅：现代雅致风格家居 PART 2

水中睡莲 /058

静好岁月 /064

茶禅一味 /074

古韵新怡 /082

茶禅一水间 /088

静·木 /100

水中睡莲

设计师简介

冯建耀

冯建耀室内设计公司总裁

户型档案

户型结构：两室一厅

项目面积：83 ㎡

设计师：冯建耀

主要材料：涂料、烤漆玻璃、纸皮石墙、
木地板、大理石等

设计 之 道

　　居室中清爽的色彩，仿佛睡莲般盈盈一笑不与春色争艳，轻轻缱绻出一池碧水的舒展。在这样的居室中用雅致的浪漫谱写一曲悠然时光，享受简单快乐，还原浪漫幸福的生活方式，从而自然、和谐地书写人生……

　　本案力求表现舒畅、自然的生活情趣，营造一个幽静休闲、轻松舒适、健康环保的家，即使足不出户也能时刻感受大自然的清新美好。

1. 空间主色调为黑、白、灰，给人以干净的视觉享受；地面保留原有浅木色地板，与白、灰色设计相搭配，点缀带出柔和感觉。

2. 纯白色的电视背景墙搭配黑色的装饰吊柜，让电视背景墙更加层次分明，同时也更加
凸显背景墙在家居中的重要位置。

3. 黑色的餐桌椅优雅高贵，与墙面装饰的花卉图案搭配，让餐厅多了份艺术感。另外，
餐厅中的镜面装饰也令空间更加宽敞、明亮。

1. 床头板后的背墙的墙纸印有秀丽的白色小花图案，令整个房间设计配合全屋的设计主题变得分外优雅。
2. 黑白灰相间的卧室带给人清雅的视觉感受，真身其中，身心俱静。

3. 利用卧室的空间分割出来一个小书房，因空间面积不大，所以运用镜面来从视觉上拓宽空间感。

4. 书房空间所追求的简洁纯净被黑、白两色展现得淋漓尽致。木地板则为空间增添了自然、质朴之感。

静好岁月

设计师简介

刘耀成

刘耀成 TOP 设计师会所设计总监、国际
IRIDA 注册室内设计师

地下室平面图

一层平面图

户型档案

户型结构：三室两厅带地下室
项目面积：156 ㎡ +60 ㎡
设计师：刘耀成
主要材料：墙纸、大理石、地板、马赛克、
　　　　　抛光砖等

1

2

设计之道

　　家是一片祥和的绿洲，禅意、宁谧，且别具诗意。在此清心聆听一曲《高山流水》，不为曲高和寡，只为这最为纯净的美。

　　本案运用"简静、和寂、清心"的设计，来追求一种贴近心灵的理念，以及力求营造一个返璞归真、宁静自省的意境。其中的色彩和煦清心；设计风格低矮、宽平、单纯，就好像繁华落尽之后，剩下的那一颗宁静的心。

3

1. 空间整体风格清简、素雅，白色的静谧令客厅盈满了优雅的感觉，同时家具也未做过多选择，边柜清浅的色泽延续了整体空间的朴素风格，低调的款式也符合佛家禅意的格调。

2. 客厅中黑色沙发的运用，并未打破空间内敛的气质，舒服的布艺材质为生活增添了一份休闲中的惬意。此外，点缀其间的绿植、配饰，为空间带来了生动而丰富的表情。

3. 镜面搭配马赛克瓷砖塑造的餐厅背景墙不仅带来视觉上的通透感，也为居室带来了视觉上的变化。

1. 主卧淡色墙面与方格壁纸的搭配，为居室制造出意蕴于朴素中的精致情怀。

2. 主卧中设置卫浴间，方便居住者的生活，通透的玻璃装饰也起到了放大空间的功效。

3. 简单、大方的卧床选择，造型简约的低姿家具与玲珑配饰的呼应，以及经典水墨画流动出的气韵，无不令主卧充满雅致的格调。

4

4. 次卧室通过自然光源的引用来控制室内的光影形态，置身其间便会忘记时间的存在。

5. 干净的小卧室给人带来一种零时差的自在感，这得益于玲珑的小装饰及雅致的装饰画所散溢出的自然、放松。

5

1. 浅色调空间中如果全用同色系的装饰就会显得单调，适当辅助深色家具则可以避免这种缺陷。黑色写字桌在空间中是视觉的焦点，高对比度令淡色环境更具纯净、透明之感。

2. 书房中兼具了会客的功能，令居室中的空间得到了充分的利用。

3. 书房中的会客区仿若是一个小小的客厅，既可以在此与朋友倾谈；工作疲累之余还可以打开电视放松身心。

4. 健身房中浅淡绿色的运用，为居室中带来了自然的气息，仿若令人在运动中也能呼吸到来自于自然新鲜的空气。

5. 浴室运用清透纯净的浅色作为底色，令空间呈现出清新的气息，清爽而又透气。

家装课堂

雅致主义是带有极强文化品位的装饰风格，它打破了现代主义的造型形式和装饰手法，注重线型的搭配和颜色的协调，反对简单化；讲求模式化，注重文脉，追求人情味，在造型设计的构图理论中吸取其他艺术或自然科学概念，把传统的构件通过重新组合出现在新的情境之中，追求品味和和谐的色彩搭配，反对强烈的色彩反差和重金属味道。

行到水穷处
坐看云起时

茶禅一味

设计师简介

陈温斌

玄风室内设计工作室首席设计师

户型档案

户型结构：四室两厅

项目面积：125 ㎡

设计师：陈温斌

主要材料：全抛釉仿古砖、实木地板、擦色、
生态板等

设计之道

茶、禅起源于东方，古人喝茶讲究禅境与悟性；于家中塑造一方质朴、典雅的茶台，周遭环境尽显悠然、雅致情境。匆忙生活中，用清韵茶香，缭绕一处悠然的居家之所。

本案通过家具的选择与摆设来营造空间中的禅意，木质材质的家具无疑是烘托悠然、休闲情境的最佳选择；而"茶"作为中国传统文化的"符号"，在家中置放一个茶台，更是营造禅意家居的决胜法宝。

1.. 客厅基调雅致而韵味十足，大面积木质家具的运用令空间透露出天然的质感。

2. 古朴的餐桌椅极好的迎合了整体家居氛围；而餐厅一侧的陈列柜更是将空间中写意、雅趣的气氛自然散发开来——各色精美的装饰品低调得点染着空间的格调与品位。

3. 餐厅与厨房之间运用玻璃拉门作为分隔，令空间显得更加明亮，其材质也十分容易清洗。

4. 实木沙发配以灰色花纹坐垫及靠垫，为空间带来素洁的容颜，而茶几及其上的茶台，则流露出悠然自得的居家韵味；沙发背景墙上古韵与现代结合的装饰画更是引人注目的焦点。

1. 卧室在硬装方面和整个空间基调保持一致，地板的选择与飘窗的设计都是无声的印证。

2. 卫浴素简、利落，丝毫没有繁复的用笔，却实用性极强——如厕、清洁、沐浴，和谐
而有效地将空间划分得规整、有序。

3. 玄关处实用亦不乏精致，顶柜与鞋柜将收纳功能发挥到极致，也将空间容颜描摹得干净、整洁；小小的装饰品，虽然并不名贵，却在细节之中体现出主人的对生活中美与温馨的追寻。

4. 棕色的实木地板配以木色家具，令整个空间充满高强度的协调统一感，而墙上极具艺术感的壁挂，更为这一典雅的空间增添了无尽的韵味。

5. 过道的雕花吊顶令这一狭长的空间显得不再单调，墙面置入柜有着强大的收纳功能。

6. 客卫在壁砖的选择上更具视觉变化，大理石的纹理令空间有着一种律动感。

家装课堂

雅致主义源于对现代极简主义的风格回归，那些经过涂饰和抛光的木材、有着富丽温馨的色彩和华美的织物，以及精致黑色的点缀和光洁的硬木地板或抛光砖的结合，可以令整个生活的氛围充满温馨、惬意，更凸显出主人对生活品质的追求。纯粹的风格在装修中会进一步弱化，健康自然会成为恒久的主题。

禅茶心境乃无相

滴水清香随风扬

古韵新怡

设计师简介

艾木

艾木·空间室内设计工作室创办者、上海
集采堂设计工作室创办者 / 设计总监

户型档案

户型结构：两房两厅
项目面积：128 ㎡
设计师：艾木
主要材料：实木地板、木制格栅、壁纸、
釉面砖等

设计之道

鸟笼灯、枝条灯、薄纱，这些元素听起来和古韵丝毫没有关系，但却因为在居室中的合理运用而彰显出一种古韵新情调。事实证明只要用心，便可赢得一个古貌新颜的特色雅居。

本案力求将古典元素与现代元素进行完美融合，营造出一种既包含古典韵味的居室氛围，又不乏现代空间的时尚风情。置身于这样的居室，可以得到不同家居风格带来的双重视觉美感。

1. 低矮的沙发搭配柔软的坐垫，或躺或坐都拥有着无比地惬意；而花色多样的抱枕及地毯、雅致的灯饰和香蜡则为居室带来了雅趣。

2. 临近客厅的空间，既可以作为餐厅使用，也可以作为临时的工作区，可谓一举两得。

3. 客厅的一侧不是传统的电视背景墙，而是装饰书架，彰显出主人独特的品位。

4. 餐厅与厨房之间相隔一条过道，方便日常上餐；而将电视设计于用餐区，体现出设计师的独到见解。

1. 鸟笼灯和荧光点点的纱帘皆给卧室以浪漫唯美的感觉。

2. 通往餐厅的过道地面用白色釉面砖区分于餐厅中的木色地板，令两个空间做了软性分隔。

3. 大面积的古典花鸟图为居室带来典雅的氛围，也令居室的色彩更富变化。

茶禅一水间

设计师简介

王五平

深圳室内设计师协会（SZAID）理事、深圳
五平设计机构设计总监

户型档案

户型结构：五室两厅

项目面积：200 ㎡

设计师：王五平

主要材料：乳胶漆、红橡木油白、灰境、墙纸、
大理石、抛光砖、木地板等

设计之道

蕉叶为席，怪石旁立，可置风炉、砂铫、茗壶、杯盏，甚至高挑的古铜花瓶于茶案，这样天然的风景可想见是悠然宁静的；但如若想要在家中体验云水禅心的空灵悠远，不妨在室内仿天然之境置一方茶台，于盈盈一水间，品茶香氤氲……

本案最大亮点为在家中设计了一处茶室，虽然空间不大，却将生活中的悠然品位尽数呈现。在这里或独啜人生冷暖，或三五好友共品人生，都不失为雅事一桩。

1. 通透而明亮的落地窗为居室带来良好的采光，沙发一侧的落地灯则起到了辅助光源的作用。

2.电视背景墙的设计简洁，素雅的壁纸与居室的整体基调相吻合，木质装饰框则起到了
点缀的作用。

3.沙发背景墙上的黑、白、红三种色彩搭配的装饰画为居室带来时尚的格调，不同墙面
运用不同的壁纸也令空间的容颜富有细节上的变化。

1

2

3

4

1. 餐厅的格调高雅，整洁利落的设计丝毫没有繁复的用笔，又在细节处做了局部装饰。

2. 餐具的风格与餐厅相得益彰，一套形式美观且工艺考究的餐具还可以调节人们进餐时的心情，增加食欲。

3. 一套茶具、几个座椅，轻而易举就带出中式古典的味道。

4. 在居室中利用一处空间设计成一个茶室，可以在悠闲时光品茗静思，生活中的禅意随着茶香漫溢。

1. 卧室中大面积使用的实木地板具有良好的保温、隔热、吸声等特点，符合卧室追求静谧的特点。

2. 灰色系令小卧室彰显出低调、典雅的气质，装饰柜上的铁艺装饰花瓶及插花活跃了空间的内容。

3. 次卧中也设计了一处小飘窗，令悠闲雅致的格调得以延续。

4

5

4. 主卧的飘窗上设置一个矮桌和两个蒲团，即刻令空间的雅致气息得以提升。
5. 主卧的一侧墙面设计成一个置入式衣柜，令居室的收纳得到很好的改善。
6. 色彩雅致的主卧为居室带来静谧的格调，白色加黑灰图案的床品也很好地吻合了空间的氛围。

1. 简洁的书桌、简洁的座椅、简洁的书架，书房的设计虽然如此简洁，却并不单调，反而透出一种典雅的气度。
2. 厨房地面墙面一黑一白，形成视觉上的对比；香槟色的橱柜令空间色彩更具变化性。

3.时尚简洁的卫浴,让空间看起来整洁有序;瓷砖与大理石的搭配,令卫浴清爽感十足而健康的绿植则为居室注入了勃勃的生机。

4.洗手面盆下方的卫浴柜极其简洁,方便收纳。

5.过道的尽头挂置一幅装饰画,令狭长的空间有了丰富的视觉变化。

家装课堂

在雅致风格中，家具应以低矮为主方显典雅，摆设应遵循"简约即是时尚"的至理名言。大空间要气派恢宏、气度不凡，小客厅忌臃肿繁杂、无章无序，应以"视美感引"来点染空间，以"小中见大"来扩充视野。同时，不能忽略精致茶几以少胜多的作用。还要不定期地更换家具位置，轻而易举创造出强烈的新鲜感和冲击力。

心动则物动

心静则物静

静·木

设计师简介

杨竣淞

台北开物设计工作室设计师

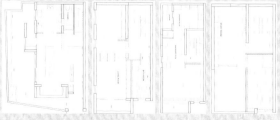

一层平面图　　二层平面图　　三层平面图　　四层平面图

户型档案

户型结构： 别墅

项目面积： 250 ㎡

设计师： 杨竣淞

主要材料： 油染灰蓝色木地板、厚橡木钢刷木皮、
苏菲亚石、意大利微粉透心砖、真丝壁纸、
茶镜、蓝灰色漆面等

设计之道

　　木材天生的温暖感，可以为居室带来温馨与暖意，在家中大面积用木材作为装饰，不仅可以令静谧的气氛环绕整个空间，也仿若可以嗅到木材所带来的淡淡清香，置身其中，心神俱静。

　　本案的居住者是一对于日本留学而归的夫妇，有着传统日本思潮的知识分子，对于生活喜好简单、安静，不看电视、不爱喧嚣，最大的兴趣就是喝茶和阅读，因此这样一所充满木质气息的居室是他们的理想之所。

1. 本案中的客厅并非为传统意义上的客厅，看起来更像是一个休闲室，简单的沙发、简单的茶几，没有任何的电器设备，"木与茶"在这里缭绕出无限风雅。

2. 餐厅中透过西南及西北侧面的大型落地窗，导入大量阳光，并拉出一道长长的木质餐桌，令居室散溢出浓浓的自然气息。

3. 将居室的地面抬高，用于区分厨房与餐厅的空间，并用木质推拉门做分隔，令空间更加素雅整洁。

4. 木质推拉门可谓隐藏了无限的风景，不仅将餐厨区分开来，还隐藏了一处装饰架，既可随心情进行展示，也可以合上门对工艺品进行保护。

1

1. 卧室中的材质基本上全为木质，
带有强烈的温暖感受，散发出的木
质清香也沁人心脾。
2. 临近阳台的地方搁置一个沙发椅
和桌子，可以在此小坐欣赏户外鲜
翠的绿意。
3. 与卧室相邻的空间设计成一处梳
妆角落，居者不仅可以在此整理仪
表，也可以把这里当成一个临时的
工作区。

2

3

4 连接各楼层的楼梯正面，以镜子的反射将原本的厚重楼梯，转化为轻巧的印象；并以"缝隙"制作出贯穿楼板的书柜，丰富垂直元素的表情，同时增加楼梯行走的趣味性。

5. 卫浴间横平竖直的设计令空间看起来十分规整，镜面、石材与木质等材质的搭配，完美地完成了各自的使命。

6. 这里既可以当做次卧室，也可以当做小书房，在此小憩、阅读都是不错的选择。

家装课堂

在雅致风格中，光线的作用举足轻重。比如居室中的光线宜充足，灯光要明亮、柔和，使客人、家人被温馨气息和文化品位所感染。居室的光线不仅天光重要，也要充分利用室内灯光。比如天池正中可以用吸顶灯为主，四周以射灯备用，使灯光高低有序、光色错落有致。

得来清寂与安顿

莫失莫忘只今朝

异域风情：东南亚风格家居 PART 3

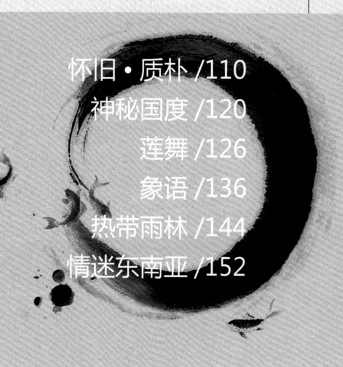

怀旧 · 质朴 /110

神秘国度 /120

莲舞 /126

象语 /136

热带雨林 /144

情迷东南亚 /152

怀旧·质朴

设计师简介

宋建文

上海设计年代设计机构创办人、设计总监

户型档案

户型结构：三室两厅

项目面积：130 ㎡

设计师：宋建文

主要材料：壁纸、木格栅、地毯、釉面砖、
　　　　　人造石材等

1

2

怀旧的本质在于质朴，在于回归自然。当家居设计中把材料的纹理透显出来，源自大自然的亲切感就跃然眼前了。实木、石、藤及我们小时候经常看到的软木，这些材料都比较容易营造出质朴的效果。

本案设计中，设计师除了用天然材料，还利用壁纸的色彩、花纹和材质，模仿出树叶的纹理、树藤的曲线等，为家居环境营造出清新质朴、回归自然的感觉。

3

1. 木材以不同的姿态出现在这个客厅里，让空间处处飘逸着木香，同时材料的高度统一，巧妙地营造出一种和谐雅致的美感。

2. 茶几上的鸟笼为居室营造出几分独特的气息，不远处的大象装饰品令东南亚的风格特征得到了更为明晰的印证。

3. 线条简洁的实木餐桌椅，让餐厅显得稳重大气，同时原木色的搭配更具浓重感。用精致的花饰和灯饰装点，颇具美式乡村风格的情怀。

1. 白色的帷幔让整个空间弥散着浪
漫、柔和的气息，通过帷幔让床与
卧室的其他空间既有联系又有分割，
而且给卧室添增了一道风景，意在
营造舒适、宁静的休息空间。
2. 卧室墙面的枝叶壁纸缭绕出浓郁
的东南亚风情，飘窗上的树枝、花
束代表了自然、质朴及原始，使热
带气息呼之欲出。
3. 次卧在设计上相对简洁，仅用色
彩与整体居室的格调相呼应。

4.卫浴中设置了两处洗手台，避免了家人同时使用时带来的不便。

5.虽然深褐色最能体现一种低调的奢华感，但如果整个卫浴都用褐色，则会显得过于沉重，因此设计时选用了白色的洁具，增添一些明亮气氛。

6.次卫在色彩的选择上更为洁净，仅用一幅装饰画来增添空间美感。

7.精心设计的实木橱柜令厨房变得越发平易近人。素雅的色彩也在无形中放大了整体空间，耗费大量时间制作的石材墙面完美地将异域风格餐厅打造出来。

1. 马赛克拼成的花卉图案装点过道的地面，令整个空间既不失稳重，又活泼。

2. 阳台小景蕴含着强烈的自然气息——绿植、陶艺、卵石，这些妆点令这一小空间的意蕴无穷。

3. 阳台的一角放置藤桌藤椅，不仅造型显得清新随意，同时这种样式也蕴含了淡淡的怀旧感觉；此外藤椅搭配柔软的靠垫，坐久了也不会觉得不适。

4. 充满东南亚风的餐桌椅和灯饰在空间黄色基调的映衬下，表达着空间的异域情怀，极容易就让人联想到一幅舒适而温馨的画面。

2

3

4

家装课堂

木雕家具是东南亚家居风格中最为抢眼的部分，其中柚木是制成木雕家具最为合适的上好原料。柚木从生长到成材最少经 50 年，含有极重的油质，这种油质使之保持不变形，且带有一种特别的香味，能驱蛇、虫、鼠、蚁；更为神奇的是它的刨光面颜色可以通过光合作用氧化而成金黄色，颜色会随时间的延长而更加美丽。柚木做成的木雕家具有一种低调的奢华，典雅古朴，极具异域风情。

自歌自舞自开怀

无拘无束则无碍

神秘国度

设计师简介

舒建波

励时装饰设计工程有限公司设计师

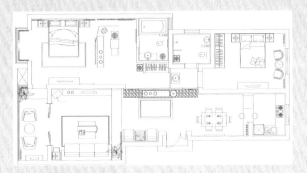

户型档案

户型结构：两室两厅

项目面积：120 ㎡

设计师：舒建波

主要材料：壁纸、釉面砖、马赛克、地板等

设计 之 道

　　东南亚——一个充满热带风情的神秘国度。当天然的竹、木编屏风、植物、石与极简的造型相结合，再配以柔和的纱帘和木质的屏风，没有雕琢的痕迹，却令家居环境仿若蒙上了一层神秘的东南亚面纱，令人为之着迷……

　　本案在保留东南亚风格的民族特征和元素外，家具经提炼和优化，造型和使用方式更趋现代，这样的设计令家居环境更具有神秘的韵味。

1

1. 客厅中充满了东南亚的元素，树叶图案的壁纸、大象装饰画，以及泰丝抱枕都将东南亚风情呼之欲出。

3. 卧室中运用泰丝纱帘作为分隔，设计出一处小型装饰墙，令居室更加风格化。

2. 卧室中用金属色壁纸来装饰墙面，将东南亚的神秘气氛渲染得淋漓尽致；红色的床品则令居室的气氛更加浓郁。

1. 过道空间利用收纳柜搁置若干装饰品，其中的锡器装饰是东南亚的文化印记，也成为体现东南亚风情的绝佳室内装饰物，而红色的泰丝亦是体现东南亚风格的好帮手。

2. 餐厅墙面上热带花卉装饰画将居室中的东南亚风情得到了更好的展现。

3. 餐厅与厨房之间设计了一处小吧台，选用花色繁复的花瓶作为装饰，提亮了居室的色彩。

4. 木材在东南亚的家居中运用广泛，浴室中将木材进行了很好地运用，极具异域风情。

5. 色泽艳丽的灯饰体现出居室的华丽，木质格栅及马赛克拼花台面令居室的表情更为多样。

莲 舞

设计师简介

杨克鹏

北京雕琢空间室内设计工作室创始人 / 总设计师

一层平面图　二层平面图　三层平面图

户型档案

户型结构：别墅

项目面积：280 ㎡

设计师：杨克鹏

主要材料：仿古砖、乳胶漆、饰面板、玻璃、木地板等

设计 之 道

"凌波一舞碧罗舒，落月纷纷过眼虚。摇曳芳魂云水畔，莲歌飞入五湖居"。莲虽出于淤泥，但清静无垢，朵朵沁出馨香，如暖风轻轻带走凛冽，所以莲是微微的禅风，是一朵佛的解语。

本案中将莲花的元素运用得十分丰富，与佛像的穿插运用，为居室带来神秘而充满禅意的氛围，也将东南亚的风情展现得淋漓尽致。

1.沙发背景墙上的荷花装饰画传达出一种写意的风雅，泰丝抱枕与木质家具将东南亚风情得到很好得展现。

2. 客厅与餐厅之间利用楼梯及镂空隔断作为分隔，既有装饰元素，又具备实用功能。

3. 餐厅背景墙用饰面板饰面，带出温润的质感，与木质餐桌形成良好得呼应。

1. 木质楼梯暗合了空间的风格，其简洁的设计也可以减少家中的预算。

2. 楼梯转角的空间设计了一处居室的视觉焦点，荷花装饰画、佛头饰品及青花瓷器，不仅为居室带来异域风情，也成为居室中很好地装饰。

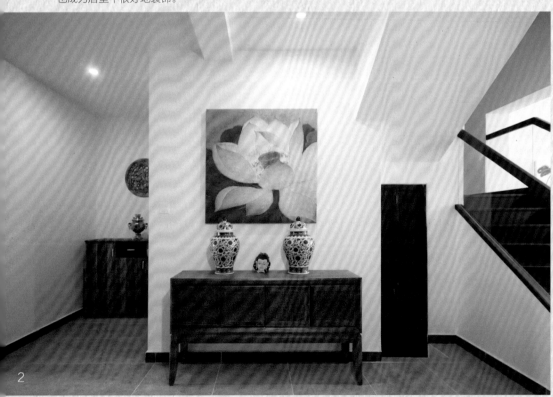

3.卧室中用黄色作为主色调，局部用红色点缀，温暖中不凡活力。

4.将沙发布置成"L"形，较少占用空间的同时，也方便了主人与来客面对面的交谈。

1. 在楼梯转角的空间，搁置藤椅和藤桌，并饰以荷花装饰画，将东南亚风情演绎得淋漓尽致。

2. 临近窗台的地方搁置一个卧榻，主人可以在此品茗，也可以在此休息；泰丝抱枕为这一空间带来了靓丽的容颜。

3. 绿植与荷花图案的陶艺装饰品为居室带来了自然的气息。

5. 木楼梯带给人温暖的质感，佛手灯饰极具艺术感，成为空间中的亮点。

4. 过道处用佛像与花朵装饰柱来进行妆点，令小空间的元素更加丰富。

家装课堂

东南亚风格的家居中图案往往来源于两个方面，一个
是以热带风情为主的花草图案；一个是极具禅意风情
的图案。其中花草图案的表现并不是大面积的，而是
以区域型呈现的，比如在墙壁的中间部位或者以横条
竖条的形式呈现；同时图案与色彩是非常协调的，往
往是一个色系的图案。而禅意风情的图案则作为点缀
出现在家居环境中。

看取莲花净
应知不染心

象　语

设计师简介

冯易进

易百装饰（新加坡）连锁有限公司／温州公司首席设计师

一层平面图

二层平面图

户型档案

户型结构：复式

项目面积：300 ㎡

设计师：冯易进

主要材料：水曲柳、实木材、饰面板、仿古砖等

设计之道

　　大象是东南亚很多国家都非常喜爱的动物，相传它会给人们带来福气和财运，因此在东南亚的家居装饰中，大象的图案和饰品随处可见，为家居环境中增加了生动、活泼的氛围，也赋予了家居环境美好的寓意。

　　本案的整体空间没有张扬的奢华，而是饱含内敛的舒适。除了东南亚惯有的木质材料贯穿始终，大象装饰物也频繁出现，令家居氛围萦绕着一种吉祥的语汇。

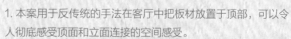

1. 本案用于反传统的手法在客厅中把板材放置于顶部，可以令人彻底感受顶面和立面连接的空间感受。

2. 餐厅中木质家具的颜色较重，虽可营造出稳重效果，但也容易陷于沉闷、阴暗，因此在墙面采用明快亮丽的浅色作为主色，洋溢着浓郁复古味道，又不失时尚气息。

3. 在休闲的木质沙发上抱着抱枕，感受被实木地板包围的温馨，当这一切被和谐地兼容于一室时，便能准确无误地感受到空间中清雅而休闲的气氛。

4. 餐厅的一侧放置一个搁物架，用于摆放瓷器，令居室中充溢出典雅的气质。

1. 卧室中的原木色以其拙朴、自然的姿态成彰显追求天然的东南亚风格的最佳配色方案。
2. 书房延续深色的实木造型，富有丰富的传统艺术技巧，又符合时下人们追求健康环保、
  人性化以及个性化的设计理念。

3. 木材与石材打造的休闲区，给人以强烈的视觉冲击力，其间的甲骨文字画令空间的品位骤升。

4. 玄关的地面铺设将视觉直延居室内，简单利索的规划造就宽阔的空间，让人视觉舒展放松。

5. 临窗设置的木质桌椅，为居室带来了更多的休闲区域，因临近窗户，在此可以享受到更多阳光的沐浴。

6. 通过顶面的玻璃引入自然光，室内与户外的相互借景，增加空间的美感与变化，来体现生活的尊贵与享受。

家装课堂

在东南亚风格的居室中，配饰的选择往往会带有明显的地域特征，比如大象是东南亚很多国家都非常喜爱的动物，相传它会给人们带来福气和财运，因此在东南亚的家居装饰中，大象的图案和饰品随处可见，为家居环境中增加了生动、活泼的氛围，也赋予了家居环境美好的寓意。

非淡泊无以明志

非宁静无以致远

热带雨林

设计师简介

段威

支点设计 amber·琥珀工作组首席设计师

户型档案

户型结构：三室两厅

项目面积：163 ㎡

设计师：段威

主要材料：实木地板、板岩文化石、饰面板、
马赛克、仿古砖等

设计之道

　　一些传统符号往往是家居风格的制胜法宝，像深色的雕花木材、轻薄的纱帘、靠背椅的竹篾质感、柜体表面的简洁纹饰、热带植物的图案，这些元素尽管是在开敞透亮的自由空间，却仍不时散发出东南亚热带雨林的湿热气息。

　　本案东南亚风格浓郁，传统的木材营造出清新幽雅的气氛，同时也适时地表达出带有佛教文化背景的生活情趣；此外经过简约处理的传统家具同样把这种情绪落实到细微之处。

1. 用热带花纹的雕花板来区分客厅与餐厅空间，同时作为电视背景墙，一物两用的设计手法别出心裁。

2.步入餐厅，仿若步入一处热带花园，雕花板与窗帘的图案相辅相成，大小各异的绿植无不呈现出勃勃地生机；藤制装饰柜上的木雕是东南亚风格居室中最受欢迎的装饰品之一。

3.厨房的推拉门亦给人带来浓郁的东南亚气息，木质雕花板是令居室风格化的绝佳帮手。

4.厨房的仿古地砖与褐色的橱柜在颜色上形成了呼应，其墙面上简洁的收纳架充分利用了空间。

1. 休闲区的设计和整体居室略有不
同，更多得呈现出华贵的气息。
2. 在卫浴间外设置洗手台，将洗漱
区与沐浴区、如厕区区分开来，令
家居生活更加便捷。
3. 浴室中大面积仿古砖的运用令居
室的气氛显得古朴十足，符合人体
力学的浴缸令沐浴时光更加惬意。

4. 实木地板与实木门的搭配令居室尽显自然、古朴的气质，木门上的雕花把手以其精致的造型而引人注目。

5. 藤、木材、板岩这些装饰材料皆是东南亚室内装饰的首选。

6. 富有浓郁自然气息的板岩搭配热带植物的装饰画，令居室中东南亚气质展露无遗；另一侧推拉门上的荷花图案于此相辅相成，共同将属于自然中的美感采撷于家中。

家装课堂

东南亚风格的居室一般会给人带来热情奔放的感觉，这一点主要是通过室内大胆的用色来体现。除了缤纷的色彩，原木色以其拙朴、自然的姿态成为追求天然的东南亚风格的最佳配色方案。用浅色木家具搭配深色木硬装，或反之用深色木来组合浅色木，都可以令家居呈现出浓郁的自然风情。

一花一世界
一叶一如来

情迷东南亚

设计师简介

潘杰

北京风尚印象装饰有限责任公司资深设计师

户型档案

户型结构：三室两厅

项目面积：140 ㎡

设计师：潘杰

主要材料：仿古砖、壁纸、木地板、泰丝、藤竹等

设计 之道

东南亚风格有种说不清道不明的神秘感，印度教等宗教文化的渲染，让那些精致的木雕、充满禅意的装饰、妩媚的帷幔，成为世界民族风情的图腾代言。在家居环境中，依着东南亚的模样，摹画出令人沉醉的姿态，是对生活的深度追求。

本案无论在色彩，还是材质，以及饰物的选择上无不将东南亚风格的精髓拿捏得恰到好处；并将东南亚民族岛屿特色及精致文化品位相结合，把奢华和颓废，绚烂和低调等情绪调成一种沉醉色，令人无法自拔。

1. 浓烈的嫣红，香艳的茶黄，神秘的紫及明亮的绿都是体现东南亚风情的主要色彩。虽然居室中的色彩丰富却不杂乱，轻松几笔就传达出既悠闲自在，又旖旎奢华的现代设计观。

2. 艳丽的泰丝抱枕成为沙发上最好的装饰品，暗红、亮紫……这些香艳的色彩化作精巧的抱枕，与灰色系的沙发相衬，香艳的愈发香艳，沧桑的愈加沧桑。

3. 茶几上的杯盏非常精致，怒放的花朵带来生命的蓬勃，金边装饰线为玲珑的器皿带来华丽的容颜。

4. 雕刻精致的木质金鱼形象与富有亚洲风情的雕花门厅相呼应，加上珠帘的映衬，推开房门置身其中，是视觉和心理的双重享受。

1. 餐厅与客厅由一扇镂空雕花屏风分隔开来，可以尽享惬意的烛光晚餐，精致的水晶吊灯与瑰丽的烛台遥相呼应，翩翩欲飞的凤凰将整个餐厅的气氛烘托的热烈又不失温馨。

2. 东南亚典型的天然材质，如草木、藤竹成为首选，在视觉感受上有泥土的质朴，加上布艺的点缀搭配，房间便散发出浓烈的自然气息。

3. 原木色系的藤编桌椅，呈现一种自然气质与典雅韵味。浅褐色的纱幔，姜黄色与茶绿色的泰丝坐垫交错交叠，这些漫不经心的点缀饰品是成就东南亚风情最不可缺少的道具。